Ángeles García Aliaga

Avaliação do protocolo e dosimetria do exame PET-CT

AF301136

Ángeles García Aliaga

Avaliação do protocolo e dosimetria do exame PET-CT

Avaliação do protocolo e dosimetria do exame
PET-CT com [18F]F-FDG efectuado no HGUSL

ScienciaScripts

Imprint

Any brand names and product names mentioned in this book are subject to trademark, brand or patent protection and are trademarks or registered trademarks of their respective holders. The use of brand names, product names, common names, trade names, product descriptions etc. even without a particular marking in this work is in no way to be construed to mean that such names may be regarded as unrestricted in respect of trademark and brand protection legislation and could thus be used by anyone.

Cover image: www.ingimage.com

This book is a translation from the original published under ISBN 978-3-639-55782-4.

Publisher:
Sciencia Scripts
is a trademark of
Dodo Books Indian Ocean Ltd. and OmniScriptum S.R.L publishing group

120 High Road, East Finchley, London, N2 9ED, United Kingdom
Str. Armeneasca 28/1, office 1, Chisinau MD-2012, Republic of Moldova, Europe
Printed at: see last page
ISBN: 978-620-7-65704-9

RESUMO

A segurança dos doentes é um pilar fundamental no domínio da medicina e da farmácia. À medida que as técnicas de diagnóstico e os tratamentos avançam, é essencial garantir que os benefícios clínicos superam largamente os riscos associados em qualquer domínio, mas ainda mais nas especialidades médicas ligadas à exposição a radiações ionizantes. Neste sentido, a redução da dosimetria nos exames médicos tornou-se uma área de grande interesse, uma vez que o objetivo é minimizar a exposição do paciente à radiação ionizante sem comprometer a qualidade dos resultados clínicos obtidos. A medicina nuclear e a radiofarmácia são especialidades da área da saúde que utilizam radiofármacos para imagiologia metabólica e/ou molecular no seu ramo de diagnóstico. O presente trabalho centra-se no impacto, do ponto de vista da segurança do doente, da modificação da dosagem do radiofármaco [18F]F-fludesoxiglucose, habitualmente utilizado nos exames PET-CT. O principal objetivo deste estudo é avaliar a eficácia da alteração da dosagem deste radiofármaco numa abordagem multidisciplinar da radioprotecção e da segurança do doente, sem comprometer a qualidade da imagem e os resultados clínicos.

ÍNDICE

1. INTRODUÇÃO

1.1 PET-CT

A medicina nuclear é uma especialidade médica que utiliza técnicas de diagnóstico por imagem para obter imagens através da administração de substâncias radioactivas, denominadas radiofármacos. As técnicas utilizadas em medicina nuclear baseiam-se nos princípios da física nuclear, da radiofarmácia e da medicina clínica para obter imagens dos processos metabólicos e/ou das estruturas moleculares do organismo em estudo. Os fundamentos da medicina nuclear podem ser resumidos da seguinte forma:

- Radiofármacos: Os radiofármacos são medicamentos utilizados em medicina nuclear, compostos por um isótopo radioativo e uma molécula biologicamente ativa. Estes radiofármacos emitem radiação, que pode ser detectada e utilizada para obter informações sobre a estrutura e a função do órgão ou tecido alvo.
- Diagnóstico: A medicina nuclear fornece imagens funcionais e moleculares para diagnóstico, permitindo obter informações detalhadas sobre o metabolismo, a perfusão e a atividade celular em diferentes órgãos e tecidos. Os exames mais comuns em medicina nuclear são a cintigrafia, a *tomografia computorizada por emissão de fotão único* (SPECT) e *a tomografia por emissão de positrões* (PET).
- Terapia: A medicina nuclear permite igualmente tratar certas patologias. Neste caso, são administrados radiofármacos terapêuticos que emitem radiações diretamente nas células-alvo, com o objetivo de as destruir ou de reduzir a sua atividade.
- Monitorização e resposta ao tratamento: a capacidade dos radiofármacos para seguir os processos biológicos e metabólicos permite avaliar a eficácia das terapias e monitorizar de perto a deteção de quaisquer alterações ou progressão da doença.
- Segurança: para garantir a segurança desta disciplina, é necessário aplicar protocolos de segurança contra as radiações para proteger o doente, o pessoal de saúde e o ambiente. É da responsabilidade dos especialistas em medicina nuclear, radiofarmácia e radiofísica hospitalar estabelecer protocolos para o manuseamento seguro de produtos radiofarmacêuticos e para a gestão adequada das radiações ionizantes.

Neste domínio da medicina, a PET-CT é um exame de diagnóstico por imagem não invasivo que combina duas técnicas diferentes para obter imagens pormenorizadas da patologia a estudar. Por um lado, é efectuada uma tomografia computorizada (TC) em que são obtidas várias imagens de raios X do corpo a partir de diferentes ângulos para criar uma imagem detalhada das estruturas internas. Segue-se uma PET, que detecta os raios gama emitidos pelo radiofármaco administrado de acordo com a indicação do teste e cria uma imagem tridimensional da atividade metabólica e/ou molecular do organismo. A fusão destas imagens permite aos especialistas em medicina nuclear ver tanto a atividade metabólica como a estrutura anatómica dos órgãos e tecidos (**Figura 1**).

Nódulo pulmonar maligno com captação de [18F]F-fludesoxiglucose na imagem PET-CT (direita) mas

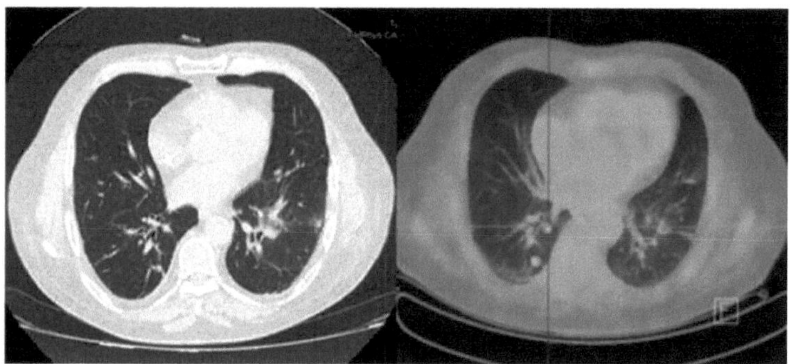

indetetável na TC (esquerda). Retirado de Lopez Lopez et al. (1)

A radiofarmácia, especialidade de saúde multidisciplinar e de base hospitalar que estuda os aspectos farmacêuticos, químicos, bioquímicos, bioquímicos, biológicos e físicos dos radiofármacos, desempenha um papel essencial na realização destas explorações. Esta especialidade aplica igualmente estes conhecimentos aos processos de conceção, produção, preparação, controlo de qualidade e dispensa de produtos radiofarmacêuticos, tanto no domínio dos cuidados de saúde (diagnóstico e terapêutica) como no da investigação. Os radiofarmacêuticos, profissionais de saúde especializados em radiofarmácia com formação especializada através do QIR ou FIR em conhecimentos específicos de radiofármacos, são responsáveis pela correcta utilização dos radiofármacos através da adequada seleção, guarda e gestão dos mesmos, com o objetivo de atingir a melhor relação qualidade, segurança e custo-eficácia, de acordo com a legislação em vigor. A responsabilidade, a supervisão e o controlo da utilização correcta dos produtos radiofarmacêuticos correspondem legalmente ao especialista em radiofarmácia, tal como a preparação dos produtos radiofarmacêuticos PET.

1.2 Produtos radiofarmacêuticos PET

Em medicina nuclear, são utilizados radionuclídeos de origem artificial que emitem radiações ionizantes, obtidas através do bombardeamento de núcleos de átomos estáveis com partículas subatómicas (neutrões, protões, etc.), desencadeando reacções nucleares que convertem núcleos estáveis em núcleos instáveis (radioactivos). Os dispositivos e métodos utilizados para produzir radionuclídeos incluem: reactores nucleares, aceleradores de partículas como os ciclotrões e geradores. Neste caso, a produção de radionuclídeos utilizados no PET é efectuada principalmente através de ciclotrões ou da utilização de geradores.

O decaimento de um radionuclídeo emissor de positrões ocorre de acordo com o seguinte esquema geral: $\quad {}^{A}_{Z}X_{N} \rightarrow {}^{A}_{Z-1}Y_{N+1} + \beta^{+} + \nu$

À medida que o radioisótopo emissor de β+ injetado no doente decai, emite positrões. Cada um deles pode colidir com um eletrão cortical do tecido em que o radiofármaco está presente, ocorrendo a aniquilação. Este fenómeno resulta na emissão de dois raios gama de 511keV na mesma direção e diametralmente opostos.

A lógica subjacente à utilização de radiofármacos PET marcados com isótopos emissores de positrões é que estes permitem a visualização de vários processos fisiológicos ou fisiopatológicos in vivo. Desta forma, é possível monitorizar o curso temporal da distribuição regional da concentração de um radiofármaco após a administração do composto marcado. O número de radiofármacos PET disponíveis até à data é muito elevado. No entanto, a maior parte deles foi utilizada em estudos de investigação e apenas alguns foram introduzidos na prática clínica de rotina. É o caso do [18F]F-fludesoxiglicose, a seguir designado [18F]F-FDG, o radiofármaco PET mais utilizado que permite o estudo do metabolismo celular da glucose. O sucesso deste radiofármaco deve-se, em parte, ao facto de satisfazer as características ideais de um radiofármaco PET: fácil penetração no tecido-alvo, baixa captação inespecífica, elevada afinidade para o seu local de ligação, dissociação suficientemente lenta do local de ligação para detetar a ligação após a remoção do composto ligado inespecificamente (aprisionamento metabólico) e baixa metabolização para facilitar a imagiologia. (2).

1.3 [18F]F-FDG

O 18F]F-FDG é, sem dúvida, o radiofármaco PET mais importante. Este facto deve-se não só à sua aplicação no estudo de uma vasta gama de patologias, mas também às suas características metabólicas e à rapidez da sua síntese. Tanto a glucose como a [18F]F-FDG atravessam a barreira hemato-encefálica e entram facilmente nas células, embora esta etapa de incorporação seja ligeiramente mais rápida no caso do análogo fluorado. Após a entrada na célula, ambos os compostos iniciam a via glicolítica. No entanto, a [18F]F-FDG passa apenas pela primeira etapa da via glicolítica, uma vez que o composto resultante ([18F]FDG-6-P) é um substrato incompatível com a fosfoglucose isomerase e não pode ser metabolizado (aprisionamento metabólico).

A utilização mais generalizada da [18F]F-FDG é o estudo da patologia tumoral, graças ao seu papel como marcador do metabolismo da glucose celular. A concentração elevada de [18F]F-FDG no interior das células tumorais reflecte o aumento do seu metabolismo glicémico para manter uma taxa elevada de crescimento e/ou de proliferação. A necessidade de energia sob a forma de ATP para estes processos anabólicos traduz-se num aumento da captação de glucose. Por conseguinte, a utilização da [18F]F-FDG em oncologia baseia-se na observação de que as células tumorais apresentam um aumento da glicólise.

De acordo com a ficha de dados do radiofármaco GLUSCAN 600 MBq/mL solução injetável (uma das apresentações comerciais do [18F]F-FDG), este medicamento é indicado para (3):

- Oncologia: diagnóstico, estadiamento, monitorização da resposta ao tratamento e deteção de recidivas em vários tumores.
- Cardiologia: avaliação da viabilidade do miocárdio.
- Neurologia: diagnóstico de hipometabolismo interictal.
- Doenças infecciosas ou inflamatórias: diagnóstico de estruturas com leucócitos activados, febre de origem desconhecida, entre outras.

Em termos de dosagem para adultos e doentes idosos, recomenda-se uma atividade de 100-400 MBq para um adulto com 70 kg de peso. Esta atividade deve ser ajustada em função do peso corporal do doente, do tipo de câmara utilizada e do modo de aquisição das imagens, sendo administrada por injeção intravenosa direta. (3). No entanto, a *Society of Nuclear Medicine and Molecular Imaging* (SNMMI) e a *European Association of Nuclear Medicine* (EANM) recomendam uma dosagem de 3,7-5,2 MBq/kg de [18F]F-FDG para exames PET-CT corporais, dependendo do tipo de câmara utilizada e do modo de aquisição de imagem (4).

1.4 Dosimetria e proteção contra radiações

A dosimetria é uma subespecialidade científica, no domínio da física da saúde e da física médica, centrada no cálculo das doses internas e externas de radiação. Esta dosimetria é mensurável em Gray (Gy) ou Sievert (Sv), consoante o cálculo utilizado. A dose absorvida nos tecidos e na matéria como resultado da exposição a radiações ionizantes, tanto direta como indiretamente, é medida em Sievert (Sv), a unidade de equivalência de dose de radiação ionizante do Sistema Internacional de Unidades (SI). A dosimetria interna da dose absorvida por unidade de atividade administrada pode ser calculada de acordo com a publicação n.º 106 da ICRP (Comissão Internacional de Proteção Radiológica) **(Quadro 1)**. (5).

CORPO	DOSE ABSORVIDA POR UNIDADE DE ACTIVIDADE ADMINISTRADA (mGy/MBq)				
	Adulto	15 anos	10 anos	5 anos	1 ano
Glândulas supra-renais	0,012	0,016	0,024	0,039	0,071
Bexiga	0,13	0,16	0,25	0,34	0,47
Superfícies ósseas	0,011	0,016	0,022	0,034	0,064
Cérebro	0,038	0,039	0,041	0,046	0,063
Mamãs	0,0088	0,011	0,018	0,029	0,056
Vesícula biliar	0,013	0,016	0,024	0,037	0,070
Trato gastrointestinal					
Estômago	0,011	0,014	0,022	0,035	0,067
Intestino delgado	0,012	0,016	0,025	0,040	0,073
Cólon	0,013	0,016	0,025	0,039	0,070
Intestino grosso ascendente	0,012	0,015	0,024	0,038	0,070
Intestino grosso descendente	0,014	0,017	0,027	0,041	0,070
Coração	0,067	0,087	0,13	0,21	0,38
Rins	0,017	0,021	0,029	0,045	0,078
Fígado	0,021	0,028	0,042	0,063	0,12
Pulmões	0,020	0,029	0,041	0,062	0,12
Músculos	0,010	0,013	0,020	0,033	0,062
Esófago	0,012	0,015	0,022	0,035	0,066
Ovários	0,014	0,018	0,027	0,043	0,076
Pâncreas	0,013	0,016	0,026	0,040	0,076
Medula óssea vermelha	0,011	0,014	0,021	0,032	0,059
Pele	0,0078	0,0096	0,015	0,026	0,050
Baço	0,011	0,014	0,021	0,035	0,066
Testículos	0,011	0,014	0,024	0,037	0,066
Tiroide	0,010	0,013	0,021	0,034	0,065
Útero	0,018	0,022	0,036	0,054	0,090
Resto do corpo	0,012	0,015	0,024	0,038	0,064
Dose efectiva (mSv/MBq)	0,019	0,024	0,037	0,056	0,095

Tabela 1. Dosimetria interna de [18F]F-FDG, dosimetria calculada como dose absorvida por unidade de atividade administrada (mGy/MBq). Retirado da ficha de dados da solução injetável GLUSCAN 600 MBq/mL. (3).

Por outro lado, a base da proteção contra as radiações é a proteção dos indivíduos, dos seus descendentes e da humanidade em geral contra os riscos decorrentes de actividades que, devido aos equipamentos ou materiais que utilizam, implicam a exposição a radiações ionizantes. Existem dois tipos de efeitos biológicos da exposição a radiações ionizantes. Os efeitos que ocorrem com certeza quando um determinado valor de dose recebida é excedido (determinísticos) e os que têm uma probabilidade crescente de ocorrência à medida que a dose é aumentada (estocásticos). Neste sentido, a ICRP considera que o principal objetivo da proteção contra as radiações é evitar a ocorrência de efeitos biológicos determinísticos e limitar tanto quanto possível a probabilidade de ocorrência de efeitos estocásticos.

Os três princípios básicos das actuais recomendações da CIPR são:

- <u>Fundamentação</u>: Nenhuma prática que envolva a exposição a radiações ionizantes deve ser adoptada se a sua introdução não produzir um benefício líquido positivo.
- <u>Otimização </u>ou princípio ALARA: ALARA significa "*As Low As Reasonably Achievable*" (tão *baixo quanto razoavelmente possível)*. Todas as exposições à radiação devem ser mantidas tão baixas quanto razoavelmente possível. Todas as doses de radiação envolvem algum risco, pelo que não é suficiente cumprir os limites de dose estabelecidos nos regulamentos nacionais. As doses devem ser reduzidas ainda mais, sempre que razoavelmente possível.
- <u>Limite de dose</u>: as doses de radiação recebidas pelos indivíduos não devem exceder os limites estabelecidos na regulamentação nacional. Os limites de dose estabelecidos na legislação espanhola garantem que as pessoas não são expostas a um nível de risco inaceitável.

O Conselho de Segurança Nuclear (CSN) é a instituição espanhola responsável pela segurança nuclear e pela proteção radiológica e ambiental. Considera que os pacientes submetidos a exames médicos com radiações ionizantes devem ter uma atenção especial do ponto de vista da proteção radiológica, uma vez que esta exposição deve ter um grande benefício diagnóstico ou terapêutico em comparação com os possíveis danos que possam causar. Além disso, os procedimentos de diagnóstico devem ser optimizados de modo a obter uma imagem de diagnóstico adequada com a menor dose possível. (6).

2. OBJECTIVOS

A Ley 29/2006, de 26 de julio, de garantías y uso racional de los medicamentos y productos sanitarios , considera no seu capítulo V os medicamentos radiofarmacêuticos como medicamentos especiais com um regime específico próprio, em que o especialista em radiofarmácia é o profissional competente para a sua preparação em unidades de radiofarmácia devidamente autorizadas. (7). Por outro lado, no Despacho SCO/2733/2007, de 4 de setembro, que aprova e publica o programa de formação da especialidade de Radiofarmácia , é referido que o especialista em radiofarmácia é responsável pela correcta utilização dos medicamentos radiofarmacêuticos, através da sua adequada seleção, guarda e gestão, de modo a obter uma utilização óptima com qualidade, segurança e custo-eficácia, de acordo com os princípios da correcta preparação radiofarmacêutica e a legislação em vigor. (8).

Por outro lado, o Real Decreto 673/2023, de 18 de julho, que estabelece os critérios de qualidade e segurança das unidades de cuidados de medicina nuclear, determina que o especialista em medicina nuclear é responsável pela prescrição do radiofármaco a utilizar e da atividade a administrar (aplicável a radiofármacos de diagnóstico e terapêuticos). (9).

Tendo em conta o exposto, importa referir que o serviço de medicina nuclear do Hospital Geral Universitário Santa Lucía não prescreve radiofármacos PET. Os exames PET-CT com [18F]F-FDG são efectuados com uma dose genérica de 360-400 MBq por doente, que não tem em conta as especificações técnicas da câmara utilizada nem se ajusta ao peso ou à superfície corporal do doente. Este protocolo implica um aumento da dosimetria do exame PET-CT com [18F]F-FDG na maioria dos pacientes; por esta razão, o principal objetivo deste trabalho é modificar este protocolo através de aconselhamento multidisciplinar e verificar a qualidade dos exames. Como objetivo secundário, propõe-se a criação de um registo de todas as prescrições médicas de radiofármacos PET de acordo com o exame PET-CT indicado.

3. MATERIAL E MÉTODOS

3.1 Âmbito e papel

O Hospital Geral Universitário Santa Lucía (HGUSL), juntamente com o Hospital Geral Universitário Santa María del Rosell, forma o Complexo Hospitalar de Cartagena. Este hospital faz parte da zona sanitária II (Cartagena), que inclui os municípios de Cartagena, La Unión, Fuente Álamo e Mazarrón. Pertence ao Servicio Murciano de Salud (SMS), organismo responsável pelo sistema público de saúde da comunidade autónoma espanhola da Região de Múrcia. O SMS dispõe atualmente de dois Serviços de Medicina Nuclear: um no Hospital Clínico Universitario Virgen de la Arrixaca (HCUVA), inaugurado em 1976, e outro no HGUSL, inaugurado em 2011. O serviço de medicina nuclear do HCUVA, hospital de referência da região, dispõe de 2 câmaras gama SPETC-CT, 1 câmara gama SPETC e 1 PET-CT. Em contrapartida, o serviço de medicina nuclear do HGUSL dispõe apenas de uma câmara gama SPETC-CT e de uma PET-CT. O serviço de medicina nuclear do HGUSL está situado no rés do chão (P0) do bloco 5 deste hospital e as instalações de PET-CT estão situadas na cave (P-1) do mesmo bloco.

No momento da redação do presente relatório, o equipamento PET-CT disponível na Região de Múrcia é de 2 câmaras PET-CT para quase 1,5 milhões de habitantes (o que se traduz em 750 000 habitantes por câmara). Esta situação, comparada com a da província de Alicante (1,86 milhões de habitantes para 5 câmaras PET-CT, ou seja, 372.000 habitantes por câmara), conduz a um aumento das listas de espera para estes exames, a uma sobrecarga de cuidados e, nalguns casos, a um *esgotamento* no trabalho. Devido a esta fadiga, os colegas do departamento de medicina nuclear nunca tinham considerado a hipótese de alterar o protocolo de PET-CT com [18F]F-FDG ou a utilização de prescrições médicas para testes de diagnóstico.

3.2 Intervenção

3.2.1 Identificação de oportunidades de melhoria

A principal função da unidade de radiofarmácia, localizada no serviço de medicina nuclear do HGUSL, é a utilização correcta dos radiofármacos através da sua seleção, custódia e gestão. A responsabilidade final de garantir que esta unidade cumpre toda a legislação em vigor cabe diretamente ao especialista em radiofarmácia, cuja missão neste trabalho foi investigar, analisar protocolos e propor melhorias, se possível, que beneficiem os doentes do serviço de medicina nuclear do HGUSL.

3.2.1 Conceção do estudo de avaliação da qualidade

Investigação experimental com um desenho antes-depois para avaliar, através de uma abordagem qualitativa e quantitativa, o ciclo de melhoria efectuado na avaliação do protocolo e dosimetria da PET-CT com [18F]F-FDG.

- Título do estudo
    - " Avaliação do protocolo e dosimetria do exame PET-CT com [18F]F-FDG efectuado no serviço de medicina nuclear do HGSL "
- Definição do problema ou oportunidade de melhoria
    - Melhoria e adaptação dos protocolos de exame [18F]F-FDG PET-CT à legislação atual.
- Análise efectuada
    - As causas que podem influenciar o problema de qualidade identificado foram analisadas através de um diagrama de causa-efeito.

3.2.2 Diagrama de causa e efeito

A análise de causa raiz (RCA), também conhecida como diagrama de Ishikawa ou espinha de peixe, é uma ferramenta que permite decompor um problema de qualidade em elementos identificáveis e geríveis para intervenção, que são considerados causas potenciais do problema em estudo. Isto permite identificar todas as diferentes causas que podem influenciar o problema de qualidade em estudo ou detetar globalmente as áreas problemáticas. Uma vez conhecidas as causas, é útil refletir sobre o nível de conhecimento do problema como um todo e se é necessário alargar o nível de conhecimento destas causas potenciais. Finalmente, a quantificação destas causas pode ser efectuada para iniciar a parte experimental do ciclo.

O diagrama representa a relação entre um problema de qualidade, neste caso os problemas de qualidade associados ao "protocolo de exame PET-CT com 18F]F-FDG" (efeito), e as suas potenciais causas, como se mostra na figura abaixo (**Figura 2**).

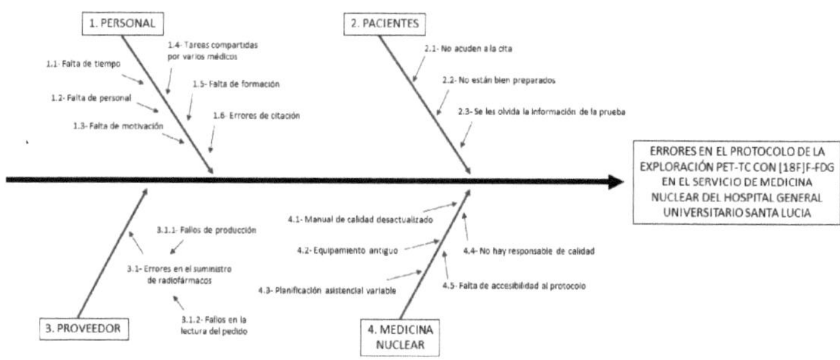

Figura 2. Diagrama de causa e efeito para analisar a oportunidade de melhoria: melhoria e adaptação dos protocolos de exame [18F]F-FDG PET-CT à legislação atual.

3.2.3 Definição das causas apresentadas em termos da sua tradução operacional para a continuidade do ciclo de melhoria

Dependendo das causas que influenciam um problema de qualidade identificado, estas podem ser

- Causas não modificáveis: aquelas que não podem ser intervencionadas, mas é importante tê-las em conta, pois podem conduzir a situações que devem ser tidas em consideração.
- Causas hipotéticas modificáveis: consideradas como estando relacionadas com o problema de qualidade, modificáveis com os recursos e conhecimentos disponíveis.
- Causas modificáveis cientificamente comprovadas não quantificadas: a frequência de ocorrência não é conhecida, determinando o nível de qualidade existente.
- Causas modificáveis cientificamente comprovadas e quantificadas: aquelas para as quais a frequência de ocorrência é conhecida, que deveriam ser objeto de ação, mas não o são.

De acordo com estas definições, as causas que influenciam o problema de qualidade identificado neste estudo podem ser categorizadas como se mostra no quadro seguinte (**Quadro 2**).

Causas não modificáveis	Causas modificáveis		
	Causas hipotéticas (sem provas)	Causas quantificadas e comprovadas	Causas evidentes não quantificadas
2.1- O paciente não comparece à consulta.	1.1- Falta de tempo do pessoal	1.2- Falta de pessoal	4.1- Manual de qualidade desatualizado
2.2- O doente não está bem preparado	1.3- Falta de motivação do pessoal	3.1- Erros no fornecimento de produtos radiofarmacêuticos	4.2- Equipamento antigo
2.3- O doente não se lembra da preparação do teste	1.5- Falta de formação	3.1.1- Falhas de produção	4.3- Planeamento de cuidados variáveis
1.6- Erros de citação	1.4- Tarefas partilhadas por vários médicos	3.1.2- Falta de leitura da ordem	4.4- Ausência de gestor de qualidade
			4.5- Falta de acessibilidade ao protocolo

Tabela 2. Classificação das causas identificadas que influenciam o problema de qualidade identificado.

3.2.3.1 Critérios de avaliação da qualidade

Foram construídos critérios fiáveis e válidos para medir a qualidade inicial e procurar documentar a melhoria alcançada. Os critérios seleccionados são descritos a seguir, critérios definidos com as respectivas excepções e clarificações baseadas na evidência científica existente (**Tabela 3**). Foram utilizados como referências os seguintes documentos:

- Lei 29/2006, de 26 de julho, relativa às garantias e à utilização racional dos medicamentos e produtos de saúde. (7).
- Despacho SCO/2733/2007, de 4 de setembro, que aprova e publica o programa de formação da especialidade de Radiofarmácia. (8).
- Real Decreto 673/2023, de 18 de julho, que estabelece os critérios de qualidade e segurança das unidades de cuidados de medicina nuclear. (9).
- Ficha de dados do radiofármaco GLUSCAN 600 MBq/mL (3).
- Directrizes de prática clínica do SNMMI e da EANM para os procedimentos de PET-CT [18F]F-FDG padrão e pediátrico (4).

Critério	Declaração	Excepções	Esclarecimentos
Critério 1	Adequação da posologia da PET-CT com [18F]F-FDG em conformidade com a regulamentação em vigor.	Doses pediátricas indicadas para doentes com menos de 18 anos de idade. Dose para exames de perfusão e de metabolismo cerebral.	A dosagem deve estar de acordo com o rótulo e com as recomendações do SNMMI e do EANM de 3,7MBq/kg.
Critério 2	Adequação da dosimetria da PET-CT com [18F]F-FDG em conformidade com a regulamentação em vigor.	Exames pediátricos indicados para doentes com menos de 18 anos de idade. Dose para exames de perfusão e de metabolismo cerebral.	A dosimetria do radiofármaco [18F]F-FDG deve ser efectuada de acordo com a ficha de dados e as recomendações do SNMMI e da EANM, calculada para uma dose de 3,7 MBq/kg.
Critério 3	A dispensa de [18F]F-FDG deve ser acompanhada de uma prescrição médica.	Não se aplicam excepções.	A prescrição deve constar da folha de exame do doente assinada pelo médico que efectua o relatório de medicina nuclear.
Critério 4	O fornecedor envia o medicamento radiofarmacêutico conforme solicitado.	Não se aplicam excepções.	Não se aplicam quaisquer clarificações.
Critério 5	O doente vem à consulta bem preparado.	Pacientes internados.	Preparação correcta: jejum de 8h (6h para os diabéticos), bem hidratado e com a glicemia controlada.

Tabela 3: Critérios seleccionados para avaliar a qualidade do problema "Improvement and adaptation of [18F]F-FDG PET-CT scanning protocols to current legislation".

3.2.3.2 Análise da validade dos critérios

A validade do critério é o grau em que a variável escolhida se correlaciona com um critério de referência objetivo e fiável que é amplamente aceite como uma boa medida do fenómeno de interesse. A análise da validade dos critérios seleccionados é apresentada no quadro seguinte (**Quadro 4**).

Atributo	Critério	Justificação
Validade facial	Todos	Os critérios são relevantes para o problema a avaliar, são necessários para garantir a conformidade com a legislação atual e as recomendações das sociedades de medicina nuclear mais importantes.
Validade do conteúdo	Todos	Os critérios medem o nível de qualidade técnico-científica e permitem conhecer a conformidade com o nível de qualidade dos cuidados prestados.
Necessidade ou expetativa satisfeita	Todos	Prestar cuidados personalizados aos doentes e melhorar a segurança e a qualidade de todos os doentes submetidos a exames de PET-CT com [18F]F-FDG.
Validade do critério	Todos	Atualmente, as provas relativas aos protocolos de exame PET-CT com [18F]F-FDG são estabelecidas pelos regulamentos actuais citados na secção 3.2.3.1 supra.

Análise da validade dos critérios seleccionados para avaliar a qualidade do problema "Improvement and adaptation of [18F]F-FDG PET-CT scanning protocols to current legislation".

3.2.4 Prazo para a extração dos casos a avaliar

Foi estabelecida a seguinte cronologia para a avaliação da qualidade ou da conformidade com os critérios seleccionados:

- setembro de 2022:
    - Identificação da oportunidade de melhoria
    - De 1 a 30 de setembro, foram recolhidos dados sobre os doentes que se dirigiram ao serviço de medicina nuclear do HGU Santa Lucía para realizar uma PET-CT com [18F]F-FDG.
- outubro de 2022:
    - Análise e discussão dos dados.
    - Desenho da intervenção.
        - Reuniões com os serviços de medicina nuclear e de radiofísica hospitalar para a modificação do protocolo.
        - Implementação da intervenção projectada.
- novembro de 2022:
    - De 1 a 30 de novembro, são recolhidos dados de doentes que frequentam o serviço de medicina nuclear do HGU Santa Lucía para se submeterem a uma PET-CT com [18F]F-FDG.
    - Reavaliação.

3.2.4.1 Fonte de dados

- Para a identificação dos casos ou unidades de estudo, foram recolhidos os registos das folhas de exame [18F]F-FDG PET-CT de cada doente.
- Para obter os registos das encomendas de [18F]F-FDG escolhidas neste estudo para cumprimento do critério 4, procedeu-se a uma análise das encomendas armazenadas na base de dados da unidade de radiofarmácia e do registo de não conformidade da unidade de radiofarmácia.

3.2.4.2 Identificação e amostragem das unidades de estudo

* Base de amostragem: Para todos os critérios, a base de amostragem foi constituída por doentes que necessitaram de uma PET-CT com [18F]F-FDG.
  * O número total de pacientes para o primeiro estudo (setembro de 2022) foi de N=430.
  * O número total de pacientes para a reavaliação (novembro de 2022) foi de N= 432.
* Dimensão da amostra: o número de casos a avaliar em relação a todos os critérios foi selecionado de forma a ser suficiente para garantir a viabilidade do estudo. Foi avaliado um total de 150 registos.
* Método de amostragem: aleatório.
  * No primeiro estudo, 150 registos de PET-CT [18F]F-FDG foram seleccionados aleatoriamente de entre 430 em setembro de 2022.
  * A reavaliação utilizou o mesmo método de seleção, de forma aleatória e aleatória. Foram seleccionados mais 150 registos de exames [18F]F-FDG PET-CT dos 432 realizados em novembro de 2022.

3.2.4.3 Tipo de avaliação

* Relativamente à iniciativa de avaliação: avaliação interna.
* Em relação à ação no momento da ação avaliada: avaliação retrospetiva.
* Em relação às pessoas responsáveis pela extração dos dados: autoavaliação e avaliação cruzada.

3.2.4.4 Recolha de dados

A recolha de dados foi efectuada numa base de dados em formato de folha de cálculo (Excel) concebida para este estudo, com células diferentes para a avaliação de todos os critérios.

3.2.4.5 Técnicas estatísticas

Para calcular a significância estatística dos resultados obtidos, foi calculado o valor z, o valor estatístico padrão da distribuição normal. Além disso, foi utilizado o Microsoft Excel 365 para a elaboração de gráficos e análise de dados.

3.2.4 Considerações éticas

Durante este estudo, a confidencialidade da identidade dos dados pessoais dos pacientes foi respeitada em conformidade com a Lei Orgânica 3/2018, de 5 de dezembro, relativa à proteção dos dados pessoais e à garantia dos direitos digitais.

4. RESULTADOS

4.1 Análise e apresentação dos dados da avaliação inicial

Para a primeira avaliação, foram seleccionadas aleatoriamente 150 folhas de exames PET-CT com [18F]F-FDG dos 430 doentes realizados durante o mês de setembro de 2022. Para os registos de pedidos de [18F]F-FDG e respectivos incidentes, foram recolhidos aleatoriamente os dados armazenados na base de dados da unidade de radiofarmácia e o registo de não conformidade da unidade de radiofarmácia de 150 pedidos de [18F]F-FDG. O grau de cumprimento de cada critério nesta primeira avaliação é apresentado no quadro seguinte (**quadro 5**).

Critério	Número absoluto de conformidades	Estimativa pontual (%)	IC95%*.	%C±IC95% %C±IC95% %C±IC95% %C±IC95% %C±IC95
1) Adequação da <u>posologia</u> da PET-CT com [18F]F-FDG de acordo com a regulamentação em vigor.	23	15,3%	0,06	15,3±0,06
2. Adaptação da <u>dosimetria</u> do exame PET-CT com [18F]F-FDG à regulamentação atual.	23	15,3%	0,06	15,3±0,06
3. A dispensa de [18F]F-FDG deve ser acompanhada de uma receita médica.	0	0%	0	0
4. O fornecedor envia o medicamento radiofarmacêutico conforme solicitado.		98,0%	0,02	98±0,02
5. O doente vem à consulta bem preparado.	132	88,0%	0,04	88±0,05

Quadro 5: Grau de cumprimento dos critérios da avaliação inicial de setembro de 2022. *O cálculo do intervalo de confiança não foi ajustado à dimensão do universo, uma vez que n > 10% N. Estimativa pontual ± 1,96*erro padrão para o intervalo de confiança de 95%.

4.1.1 Análise dos defeitos de qualidade e definição das prioridades de intervenção

O quadro seguinte (**quadro 6**) apresenta os critérios por ordem decrescente de acordo com o número de incumprimentos. A frequência relativa foi calculada dividindo a frequência absoluta de não-conformidades do critério correspondente pelo número total de não-conformidades encontradas. A última coluna apresenta a frequência acumulada de incumprimentos.

Critério	Número absoluto de não-conformidades (frequência absoluta)	Frequência relativa (%)	Frequência acumulada (%)
3. A dispensa de [18F]F-FDG deve ser acompanhada de uma receita médica.	150	35%	35%
1) Adequação da <u>posologia</u> da PET-CT com [18F]F-FDG em conformidade com a regulamentação em vigor.		30%	65%
2. Adaptação da <u>dosimetria</u> do exame PET-CT com [18F]F-FDG à regulamentação atual.		30%	95%
5. O doente vem à consulta bem preparado.		4%	99%
4. O fornecedor envia o medicamento radiofarmacêutico conforme solicitado.		1%	100%

Quadro 6: Frequência absoluta e relativa do incumprimento dos critérios na avaliação inicial em setembro de 2022.

4.1.2 Diagrama de Pareto inicial com a frequência absoluta e cumulativa dos incumprimentos

Para uma estimativa correcta do nível de conformidade com os critérios a avaliar e para poder proporcionar um conhecimento real dos aspectos avaliados, a fim de destacar os critérios que mais necessitam de melhorias, foi escolhida a representação gráfica conhecida como diagrama de Pareto. Para a sua elaboração, ordenou-se o número de incumprimentos do maior para o menor e completou-se uma curva de frequência acumulada expressa em percentagem, de forma a obter uma visualização conjunta dos critérios que contribuem com o maior número de defeitos de qualidade e poder identificar na curva de frequência acumulada quais são para intervir na sua melhoria.

De acordo com os resultados da primeira avaliação, pode observar-se que o critério 3 foi o critério com menor cumprimento, seguido dos critérios 1 e 2 na mesma proporção. Por outro lado, os critérios 5 e 4 foram os critérios com maior número de incumprimentos, sendo o critério 4 o critério com apenas 3 incumprimentos. A representação gráfica do diagrama de Pareto desta avaliação inicial é apresentada na figura seguinte (**Figura 3**).

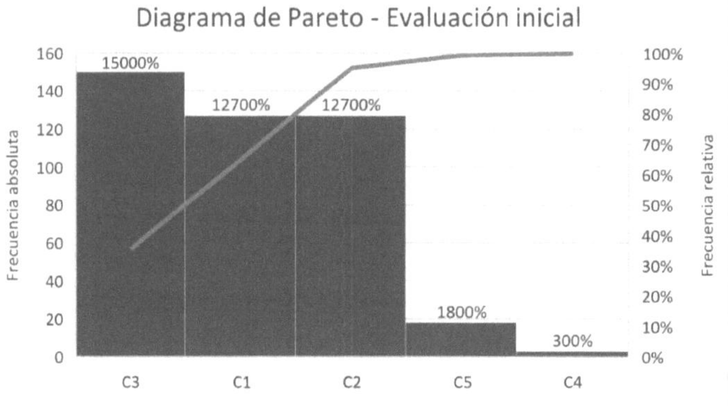

Figura 3. Diagrama de Pareto: Avaliação inicial de setembro de 2022.

Como se pode verificar, os critérios 3, 1 e 2 representam 95% dos defeitos de qualidade ou não conformidades detectados nesta primeira avaliação, pelo que a intervenção será dirigida principalmente a estes critérios.

4.1.3 Intervenções para melhorar

Para a conceção da intervenção de melhoria da qualidade, foi organizada uma reunião com os médicos especialistas do serviço de medicina nuclear e o chefe do serviço de proteção radiológica e de radiofísica hospitalar. Nesta reunião, foram definidas as seguintes estratégias e actividades a realizar após os resultados da primeira avaliação:

- Revisão e documentação da legislação atual.
- Brainstorming de possíveis soluções para os problemas de qualidade encontrados com o pessoal envolvido.
- Investigação dos requisitos do equipamento PET-CT para verificar as especificações técnicas do equipamento.
- Controlo da qualidade do equipamento em caso de alteração da dosagem.
- Monitorização da qualidade dos exames PET-CT com [18F]F-FDG durante a primeira semana da alteração da dosagem.

4.1.4 Acompanhamento da execução das intervenções para melhorar

Foi elaborado um diagrama de Gantt para o acompanhamento das intervenções. Esta representação gráfica é apresentada na figura (**Figura 4**) e permite visualizar e acompanhar cronologicamente a execução do plano de melhoria. Para além disso, é incluída uma lista das intervenções e dos responsáveis por cada tarefa.

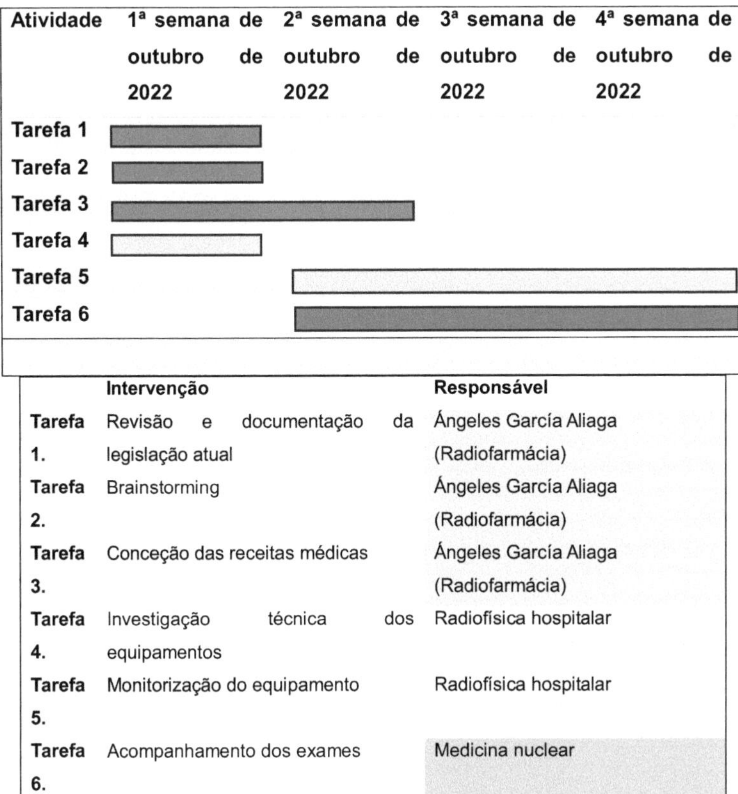

	Intervenção	Responsável
Tarefa 1.	Revisão e documentação da legislação atual	Ángeles García Aliaga (Radiofarmácia)
Tarefa 2.	Brainstorming	Ángeles García Aliaga (Radiofarmácia)
Tarefa 3.	Conceção das receitas médicas	Ángeles García Aliaga (Radiofarmácia)
Tarefa 4.	Investigação técnica dos equipamentos	Radiofísica hospitalar
Tarefa 5.	Monitorização do equipamento	Radiofísica hospitalar
Tarefa 6.	Acompanhamento dos exames	Medicina nuclear

Figura 4: Diagrama de Gantt: intervenções a realizar para melhorar e adaptar os protocolos de digitalização [18F]F-FDG PET-CT à legislação atual.

4.2 Apresentação dos dados da segunda avaliação do protocolo de exame [18F]F-FDG PET-CT

Para a segunda avaliação, foram seleccionadas aleatoriamente 150 folhas de PET-CT [18F]F-FDG dos 432 doentes realizados durante o mês de novembro de 2022. O grau de cumprimento de cada critério nesta primeira avaliação é apresentado na tabela seguinte (**Tabela 7**).

Critério	Número absoluto de conformidades	Estimativa pontual (%)	IC95%*.	%C±IC95%
1) Adequação da **posologia** da PET-CT com [18F]F-FDG em conformidade com a regulamentação em vigor.	150	100%	0	100%
2. Adaptação da **dosimetria** do exame PET-CT com [18F]F-FDG à regulamentação atual.	150	100%	0	100%
3. A dispensa de [18F]F-FDG deve ser acompanhada de uma receita médica.	150	100%	0	100%
4. O fornecedor envia o medicamento radiofarmacêutico conforme solicitado.	148	98,7%	0,02	98,7±0,02
5. O doente vem à consulta bem preparado.		85,3%	0,06	85,3±0,06

Tabela 7: Grau de conformidade com os critérios da segunda avaliação em novembro de 2022. *O cálculo do intervalo de confiança não foi ajustado à dimensão do universo, uma vez que n > 10% N. Estimativa pontual ± 1,96*erro padrão para intervalo de confiança de 95%.

A segunda avaliação mostra que os critérios 1 e 2, que tinham uma taxa de cumprimento de 15,3%, atingiram 100% de cumprimento nesta avaliação. Isto deve-se ao facto de, na primeira avaliação, apenas os doentes com peso superior a 90 kg cumprirem estes dois critérios e, na segunda avaliação, terem sido cumpridos por todos os doentes, independentemente do seu peso corporal. O critério 3 passou de 0% de cumprimento a 100% de cumprimento graças à inclusão da prescrição médica na folha de exame do paciente. O sistema de prescrição médica concebido neste ciclo de melhoria foi também implementado em todos os exames de PET-CT. Por último, nos critérios 4 e 5, não se regista qualquer alteração significativa na percentagem de cumprimento entre as duas avaliações.

4.2.1 Incumprimento dos critérios na segunda avaliação

O quadro seguinte (**quadro 8**) apresenta os critérios por ordem decrescente de acordo com o número de incumprimentos. A dimensão da amostra selecionada para a reavaliação foi mantida constante em 150 registos para todos os critérios.

Critério	Número absoluto de não-conformidades (frequência absoluta)	Frequência relativa (%)	Frequência acumulada (%)
5. O doente vem à consulta bem preparado.		92%	92%
4. O fornecedor envia o medicamento radiofarmacêutico conforme solicitado.			100%
1) Adequação da <u>posologia</u> da PET-CT com [18F]F-FDG de acordo com a regulamentação em vigor.	0	0%	100%
2. Adaptação da <u>dosimetria</u> do exame PET-CT com [18F]F-FDG à regulamentação atual.	0	0%	100%
3. A dispensa de [18F]F-FDG deve ser acompanhada de uma receita médica.	0	0%	100%

Frequência absoluta e relativa do incumprimento dos critérios na segunda avaliação, em novembro de 2022.

A segunda avaliação mostra que, uma vez melhorado o protocolo de exame [18F]F-FDG PET-CT para cumprir os regulamentos actuais, o critério 5 (o doente vem à consulta bem preparado), com 92% de incumprimento, é o critério com maior margem para melhoria e poderia ser o próximo alvo de outra avaliação.

4.2.2 Diagrama de Pareto da segunda avaliação com a frequência absoluta e cumulativa dos incumprimentos.

De acordo com os resultados da segunda avaliação, pode observar-se que o critério 5 foi o critério com a conformidade mais baixa, seguido do critério 4. Os restantes critérios atingiram uma conformidade de 100%. A representação gráfica do diagrama de Pareto desta segunda avaliação é apresentada na figura seguinte (**Figura 5**).

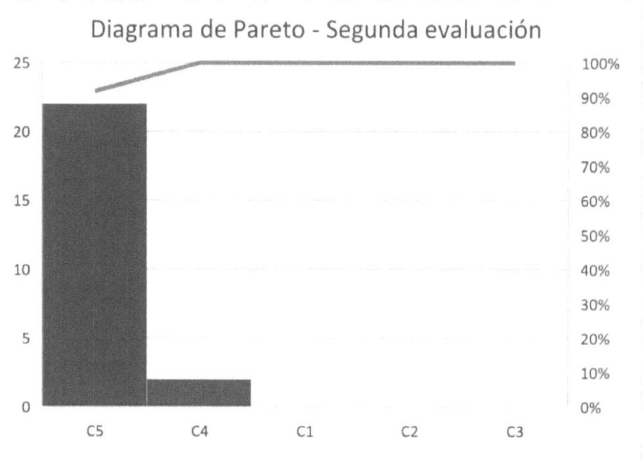

Figura 5: Diagrama de Pareto: segunda avaliação, novembro de 2022.

4.3 Reavaliação, análise e apresentação dos resultados comparativos das duas avaliações.

A apresentação dos dados reavaliados é mostrada numérica e graficamente, utilizando o gráfico de Pareto antes-depois, de modo a conhecer o nível de qualidade alcançado após as intervenções implementadas durante o estudo, bem como saber se essas melhorias tiveram significado estatístico em comparação com o resultado obtido na avaliação inicial que detectou o problema de qualidade a ser melhorado.

4.3.1 Análise conjunta das duas avaliações

A tabela seguinte (**Tabela 9**) foi elaborada para determinar a proporção de cumprimento atempado (P1 e P2) juntamente com os intervalos de confiança a 95% (IC95%) dos critérios avaliados e a melhoria alcançada (absoluta e relativa). Estes dados foram utilizados para calcular o grau de significância estatística da melhoria observada, de acordo com a fórmula:

$$z = \frac{P_2 - P_1}{\sqrt{p\,(1-p)\left(\dfrac{1}{n_1} + \dfrac{1}{n_2}\right)}}$$

Critério	1ª Avaliação n=150		2ª Avaliação n=150		Melhoria absoluta P2-P1	Melhoria relativa $\dfrac{(P2-P1)}{(1-P1)}$	Valor Z	Significado Estatísticas (p)
	P1	±IC95% ±IC95% ±IC95% ±IC95% ±IC95% ±IC95% ±IC95% ±IC95	P2	±IC95% ±IC95% ±IC95% ±IC95% ±IC95% ±IC95% ±IC95% ±IC95				
C1	15,3	0,05	100	0	84,7	100%	15,1	<0,001
C2	15,3	0,05	100	0	84,7	100%	15,1	<0,001
C3	0	0	100	0	100	100%	17,5	<0,001
C4	98,8	0,02	98,7	0,02	-0,01	-0,8%	0,80	0,788
C5	88	0,04	85,3	0,06	-2,7	-22,5%	0,70	0,758

Quadro 9. Análise conjunta das duas avaliações. P1: cumprimento na primeira avaliação, P2: cumprimento na segunda avaliação.

Como se pode ver na tabela, registou-se uma melhoria absoluta de 100% no critério 3 (a dispensa de [18F]F-FDG deve ser acompanhada de uma prescrição médica) devido à implementação de prescrições na folha de exame do doente. Além disso, a modificação da dosagem resultou numa melhoria absoluta de 84,7% para os critérios 1 (conformidade da dosagem de [18F]F-FDG PET-CT com a regulamentação em vigor) e 2 (conformidade da dosimetria de [18F]F-FDG PET-CT com a regulamentação em vigor). Por outro lado, foi observada uma diminuição nos critérios 4 (o fornecedor envia o radiofármaco conforme solicitado) e 5 (o doente comparece à consulta bem preparado).

Relativamente à melhoria relativa calculada na tabela, os critérios 1, 2 e 3 registaram uma melhoria de 100% em comparação com a primeira avaliação. Os critérios 4 e 5 apresentam uma melhoria relativa negativa de -0,8% e -22,5%, respetivamente, o que implica um agravamento em relação à primeira avaliação. No entanto, é necessário determinar se estas deteriorações se devem à intervenção ou se, pelo contrário, podem ser devidas ao acaso. Assim, para determinar a significância estatística (p), começámos por obter os valores Z para cada diferença de proporções, utilizando o método unilateral, por ser menos restritivo.

Posteriormente, a partir dos valores Z obtidos através da fórmula acima apresentada e utilizando os valores da tabela de "probabilidades de um extremo ou cauda da curva normal padrão", foram gerados os resultados da coluna de significância estatística, sobre os quais se pode efetuar a análise seguinte. Tendo em conta que o limite de risco é $p < 0,05$, pode afirmar-se que a diferença entre as duas avaliações é estatisticamente significativa para os critérios 1, 2 e 3. Nestes casos rejeita-se a hipótese nula (variação devida ao acaso), pelo que podemos afirmar que a melhoria nestes casos é real. No caso dos critérios 4 e 5, ao obter valores de Z de 0,80 e 0,70 com valores de p de 0,788 e 0,758 respetivamente, a hipótese nula é aceite, o que indicaria que este agravamento pode ser devido ao acaso e não necessariamente à intervenção realizada.

4.3.2 Diagrama de Pareto antes-depois com a frequência absoluta e cumulativa dos incumprimentos

A fim de comparar graficamente as duas avaliações, foi elaborado um diagrama de Pareto antes-depois para mostrar a melhoria obtida com a intervenção deste estudo (**Figura 6**).

Figura 6: Diagrama de Pareto antes (setembro de 2022) e depois (novembro de 2022).

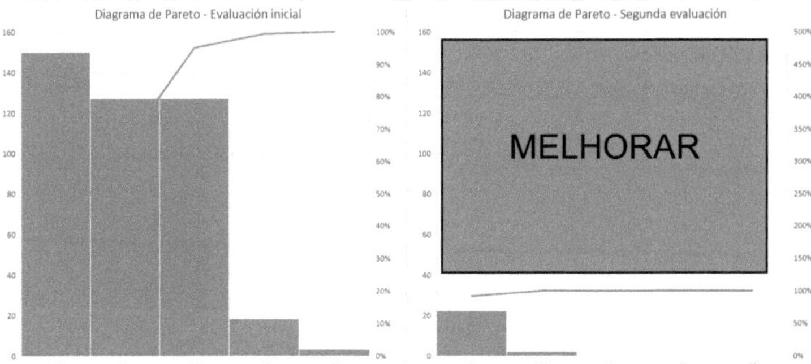

Este diagrama mostra que, por um lado, de 425 incumprimentos identificados na primeira avaliação para 24 na segunda avaliação, o número total de incumprimentos diminuiu em 401 registos. Isto representa uma redução muito significativa dos incumprimentos entre as duas avaliações.

Por outro lado, é evidente que na primeira avaliação, 95% dos incumprimentos foram representados pelos critérios 3, 1 e 2, enquanto na segunda avaliação, apenas o critério 5 foi responsável por 92% dos incumprimentos nesta avaliação. Este critério deve ser objeto de melhoria em avaliações futuras, a fim de alcançar uma melhoria contínua da qualidade.

Finalmente, a altura do retângulo laranja que representa a melhoria alcançada corresponde à diferença entre o número total de incumprimentos entre as duas avaliações. Por outras palavras, menos 401 incumprimentos entre a primeira e a segunda avaliação, o que corresponde a uma melhoria absoluta de 95%.

5. DISCUSSÃO

A intenção de melhorar o protocolo de exames de [18F]F-FDG PET-CT após uma revisão da literatura disponível e da legislação publicada motivou o presente ciclo de melhoria, que demonstrou que a implementação das medidas criadas ao abrigo das recomendações baseadas na evidência permite que os exames de [18F]F-FDG PET-CT sejam realizados de uma forma mais segura para os doentes.

Pelos resultados obtidos, pode concluir-se que os critérios 4 (o prestador envia o radiofármaco conforme solicitado) e 5 (o doente vem à consulta bem preparado) não sofreram alterações, pois apesar da melhoria relativa ter mostrado um agravamento destes critérios na segunda avaliação, esta diferença não foi estatisticamente significativa. No entanto, na segunda avaliação, o critério 5 foi responsável por 95% dos incumprimentos registados, pelo que poderia ser interessante realizar um ciclo de melhoria centrado na preparação dos doentes para os exames de medicina nuclear. Por outro lado, para o critério 4, poderia ser interessante realizar avaliações anuais dos fornecedores para monitorizar as rupturas de stock de radiofármacos e compreender melhor as causas que levam à falta de fornecimento destes medicamentos.

No que respeita aos critérios 1 (adequação da posologia do exame [18F]F-FDG PET-CT à regulamentação em vigor) e 2 (adequação da dosimetria do exame [18F]F-FDG PET-CT à regulamentação em vigor), Na primeira avaliação, apenas os doentes com uma massa corporal superior a 90 kg cumpriram estes critérios, o que se deve ao facto de a dose padrão de 370 MBq corresponder a uma dose por 100 kg de peso do doente e, de acordo com a folha de dados técnicos, a margem de erro da dose pode conduzir a uma margem de erro de ±10%. Por conseguinte, se tomarmos como referência a dose padrão de 370 MBq e subtrairmos 10%, obtemos uma dose "compatível" com uma massa corporal superior a 90 kg (333 MBq). Isto significa que, desde a implementação, em 2011, do protocolo PET-CT com [18F]F-FDG no serviço de medicina nuclear do HGUSL, as pessoas com uma massa inferior a 90 kg foram expostas a uma dosimetria superior à recomendada por sociedades científicas como a SNNMI ou a EANM. O caso mais crítico é o de pacientes com uma massa corporal de 50 kg que teriam recebido o dobro da dosimetria recomendada de [18F]F-FDG, em violação dos princípios fundamentais da proteção radiológica.

Por fim, o critério 3 (a dispensa de [18F]F-FDG deve ser acompanhada de prescrição médica) não foi cumprido na primeira avaliação e foi após a intervenção (em que a prescrição de radiofármacos PET foi adicionada à folha de exame PET-CT) que este critério passou a cumprir o Real Decreto 673/2023, de 18 de julho, que estabelece os critérios de qualidade e segurança das unidades de cuidados de medicina nuclear. Na segunda avaliação, o cumprimento foi de 100%.

Em resumo, com base na oportunidade de melhoria identificada "Melhoria e adaptação dos protocolos de exame PET-CT com [18F]F-FDG à legislação vigente", o protocolo de exame PET-CT com [18F]F-FDG do serviço de medicina nuclear do HGUSL cumpre agora o disposto na: Lei 29/2006, de 26 de julho, de garantias e uso racional de medicamentos e produtos sanitários e Real Decreto 673/2023, de 18 de julho, que estabelece os critérios de qualidade e segurança das unidades de cuidados de medicina nuclear. Além disso, embora este estudo tenha começado por se centrar no protocolo de PET-CT com [18F]F-FDG, esta melhoria foi alargada a todos os protocolos de PET-CT realizados no serviço de medicina nuclear do HGUSL com diferentes radiofármacos.

6. CONCLUSÕES

1. O problema de qualidade selecionado após a identificação de falhas no protocolo de exame [18F]F-FDG PET-CT pôde ser submetido a um ciclo de melhoria. Este problema registou uma melhoria de 95% graças à implementação de medidas e estratégias levadas a cabo pela unidade de radiofarmácia e pelos serviços de medicina nuclear e de radiofísica hospitalar do HGUSL.

2. A avaliação inicial do cumprimento dos critérios estabelecidos para a melhoria e adaptação dos protocolos de exame [18F]F-FDG PET-CT à legislação atual revelou as lacunas do procedimento.

3. A intervenção implementada como "inclusão da prescrição de radiofármacos PET na folha de exame PET-CT" significou a entrada do serviço de medicina nuclear do HGUSL no quadro regulamentar da Lei 29/2006, de 26 de julho, sobre garantias e uso racional de medicamentos e produtos de saúde e do Real Decreto 673/2023, de 18 de julho, que estabelece os critérios de qualidade e segurança para as unidades de cuidados de medicina nuclear.

4. As sessões conjuntas realizadas e a formação baseada na evidência científica permitiram melhorar o conhecimento dos protocolos de PET-CT, bem como estabelecer uma cultura de melhoria da qualidade na unidade de radiofarmácia e nos serviços de medicina nuclear e radiofísica hospitalar do HGUSL.

5. O ajuste personalizado da dose de acordo com a massa corporal dos doentes é a forma mais eficiente e segura de efetuar exames PET-CT com qualquer radiofármaco. Além disso, a personalização da dose dos radiofármacos pode permitir a redução e a otimização dos resíduos radioactivos gerados na unidade de radiofarmácia com um planeamento adequado.

7. BIBLIOGRAFIA

Lopez-Lopez V, Robles R, Brusadin R, López Conesa A, Torres J, Perez Flores D, et al. Role of 18F-FDG PET/CT vs CT-scan in patients with pulmonary metastases previously operated on for colorectal liver metastases. Br J Radiol. Jan 2018;91(1081):20170216.

Peñuelas Sánchez I. Radiofármacos PET. Rev Esp Med Nucl. janeiro de 2001;20(6):477-98.

3. :: CIMA ::. GLUSCAN 600 MBQ/ML SOLUÇÃO INJETÁVEL [Internet]. [citado 17 de julho de 2023]. Disponível em: https://cima.aemps.es/cima/dochtml/ft/81346/FT_81346.html

Vali R, Alessio A, Balza R, Borgwardt L, Bar-Sever Z, Czachowski M, et al. Norma de Procedimento SNMMI/Guia de Prática da EANM sobre PET/CT 18F-FDG Pediátrico para Oncologia 1.0. J Nucl Med. janeiro de 2021;62(1):99-110.

5. Sage Journals [Internet]. [citado em 9 de agosto de 2023]. Annals of the ICRP - Volume 38, Número 1-2, 01 de fevereiro de 2008. Disponível em: https://journals.sagepub.com/doi/suppl/10.1177/ANIB_38_1-2

Ministério da Presidência. Real Decreto 1440/2010, de 5 de noviembre, por el que se aprueba el Estatuto del Consejo de Seguridad Nuclear [Internet]. Sec. 1, Real Decreto 1440/2010 22 de novembro de 2010 p. 96993-7022. Disponível em: https://www.boe.es/eli/es/rd/2010/11/05/1440

BOE-A-2006-13554 Lei 29/2006, de 26 de julho, de garantias e uso racional dos medicamentos e produtos sanitários. [Internet]. [citado 9 de agosto de 2023]. Disponível em: https://www.boe.es/buscar/act.php?id=BOE-A-2006-13554

Ministério da Saúde e do Consumo. Orden SCO/2733/2007, de 4 de septiembre, por la que se aprueba y publica el programa formativo de la especialidad de Radiofarmacia

[Internet]. Sec. 3, Ordem SCO/2733/2007, 22 de setembro de 2007, p. 38526-33. Disponível em: https://www.boe.es/eli/es/o/2007/09/04/sco2733

9. Ministério da Saúde. Real Decreto 673/2023, de 18 de julio, por el que se establecen los criterios de calidad y seguridad de las unidades asistenciales de medicina nuclear [Internet]. Sec. 1, Real Decreto 673/2023 19 de julho de 2023 p. 103988-4001. Disponível em: https://www.boe.es/eli/es/rd/2023/07/18/673

I want morebooks!

Buy your books fast and straightforward online - at one of world's fastest growing online book stores! Environmentally sound due to Print-on-Demand technologies.

Buy your books online at
www.morebooks.shop

Compre os seus livros mais rápido e diretamente na internet, em uma das livrarias on-line com o maior crescimento no mundo! Produção que protege o meio ambiente através das tecnologias de impressão sob demanda.

Compre os seus livros on-line em
www.morebooks.shop